你說的話讓我很**受傷**

90個言語傷害治療處方

말 상처 처방전
Text copyright © 2019, Cho Gyeonghui
Illustration copyright © 2019, Lee Hae In
All rights reserved.
First published in Korean by MNK
Traditional Chinese translation copyright © GOTOP Information Inc., 2025
Published by arrangement with MNK through Arui SHIN Agency & LEE's Literary Agency

你說的話讓我很受傷

90個言語傷害治療處方

曹京姬 著・李海仁 繪

作者的話

成為良藥的話 vs. 成為毒藥的話

家人、朋友、老師……我們從早上醒來直到晚上入睡，會跟許多人一同度過，並且透過「語言」傳達想法與心情。但語言其實非常神奇，有些話聽了會變成對身體有益的良藥，有些話則會成為傷害我們身心的毒藥。

像是「你真的很討人厭」、「你怎麼表現得這麼差？」、「都是你害的！」這類的話，就是像毒藥一樣的話。這些話會吞噬勇氣、擊潰自信心，有時甚至會讓人產生醜陋、充滿惡意的想法，失去原本美好又正直的心。

但相反的，也有一些話，能讓人在傷心難過時感到溫暖、在無聊時開懷大笑，在因為失敗而感到挫折時能再次鼓起勇氣，重新振作起來。你一天當中，會聽到多少這樣的話呢？聽到這些話時，是不是感覺就像吃了對身體有益的補品一樣，整個人充滿力量！

「成為良藥的話」與「成為毒藥的話」你最常說的是哪一種呢？仔細想一想，你是不是也曾不小心，用粗暴或惡劣的言語傷害了別人呢？你可能會說：「我又不是故意的！」、「又不是動手打人，講幾句話而已有那麼嚴重嗎？」

用拳頭造成身體傷害是一種暴力，而用語言使人在心裡留下傷痕，也是另一種暴力。身體的傷口擦藥後就會慢慢癒合，但心裡因為語言暴力而留下的傷，就算過再久也難以痊癒。這樣的傷雖然看不見、摸不到，卻會一直留在心裡很久很久。

我也曾因朋友的一句話而受傷，那是我小時候的事了，但直到長大成人，那句話仍使我難過。不久前，我鼓起勇氣，向那位朋友坦承內心的傷痛。

她驚訝的說：「天哪！我那時候真的有這樣說嗎？」

我難過了這麼久，對方卻一點印象都沒有。

她說：「我當時是開玩笑的，沒想到會讓妳那麼難過，真的很抱歉。」

我仔細敘述當天的經過，朋友一邊點頭，一邊向我致歉。知道對方並不是故意傷害我之後，我才終於從悲傷中釋懷，然後我們再度成為無話不談的好朋友。

想到自己因為那句話難過這麼久，錯過了和朋友一起開心相處的時光，心裡真的覺得很可惜。希望其他小朋友不要像我一樣，因為一句傷人的話，就錯過了和家人、朋友、老師等身邊重要的人共度的珍貴時光。

這件事讓我思考了「語言暴力」帶來的傷害，或許我也曾像那位朋友一樣，因為沒有設身處地為對方著想，就說出傷人的話語。

因此我寫了這本《你說的話讓我很受傷：90個言語傷害治療處方》。這是一本描寫關於如何將「毒藥的話」轉變成「良藥的話」的書。就像我們要懂得如何區分毒藥草與良藥草一樣，我仔細整理了那些讓人受傷的話，和那些能療癒人心的話，相信閱讀完這本書，各位也能像吃下補充營養品般，獲得滿滿的元氣與力量。

僅以一本書
向那些曾因我的無心之話而受傷的人們
致上最深的歉意

曹京姬

目錄

傷人的話 朋友篇 vs. 言語傷害治療處方

作者的話　4

- 01 「你怎麼那麼笨手笨腳？」　16
- 02 「什麼啊，班長選錯人了吧！」　18
- 03 「妳的衣服好俗氣。」　20
- 04 「這點小事就要哭，真煩人！」　22
- 05 「你這個愛打小報告的人。」　24
- 06 「賢秀不會踢足球，別理他！我們自己玩。」　26
- 07 「向日葵是黃色的，你連這個都不知道嗎？」　28
- 08 「聽說你尿褲子了？」　30
- 09 「這是跑步還是走路？」　32
- 10 「連這麼簡單的問題都不會，好笨喔！」　34
- 11 「我就知道你會這樣。」　36
- 12 「這樣排擠朋友太過分了吧！」　38
- 13 「妳的髮型好好笑。」　40
- 14 「你不敢做才這樣說吧？真是膽小鬼。」　42

⑮	「你身上有奇怪的味道。」	44
⑯	「妳真沒禮貌。」	46
⑰	「就知道你會這樣。」	48
⑱	「我是看他可憐才陪他玩的。」	50
⑲	「你真的好奇怪。」	52
⑳	「笨蛋，走路要看路啊！」	54
㉑	「你明明就不會踢足球，聽我的就好。」	56
㉒	「妳長得真醜！」	58
㉓	「是你不對。」	60
㉔	「你不要插嘴。」	62
㉕	「我不跟妳玩了！」	64
㉖	「你這個膽小鬼。」	66
㉗	「你不是讀書的料。」	68
㉘	「以妳的成績是做不到的，放棄吧！」	70
㉙	「好險不是我。」	72
㉚	「你好煩喔！」	74

傷人的話 老師篇 vs. 言語傷害治療處方

01	「你又沒寫作業了。」	78
02	「遲到是你的家常便飯吧！」	80
03	「你真愛說謊。」	82
04	「你為什麼只能考這樣？」	84
05	「做不完乾脆不要做算了。」	86
06	「你真讓我頭痛！」	88
07	「妳連這種事都做不好！」	90
08	「妳連吃東西也這麼挑。」	92
09	「又是妳？」	94
10	「是你的錯吧！」	96
11	「你安靜一點！」	98
12	「我知道你在說謊。」	100
13	「你是笨蛋嗎？」	102
14	「你覺得這像話嗎？」	104
15	「你要我講幾遍？」	106

⑯	「別問這種蠢問題。」	108
⑰	「怎麼這麼不小心？」	110
⑱	「以你的程度，根本沒希望！」	112
⑲	「我對你也沒抱什麼期待。」	114
⑳	「都長這麼大了，怎麼還跟小孩子一樣？」	116
㉑	「不要像小孩一樣愛哭。」	118
㉒	「我不是說過不要罵人嗎！」	120
㉓	「你的問題就是太懶惰。」	122
㉔	「你真自私。」	124
㉕	「言行舉止要像女生才行。」	126
㉖	「你只會幫倒忙。」	128
㉗	「妳什麼都不會？」	130
㉘	「不要鬧了！」	132
㉙	「妳長大後還得了？」	134
㉚	「要是你也喜歡讀書就好了。」	136

傷人的話 家人篇
vs.
言語傷害治療處方

01 「我們家裡問題最大的人就是你。」　140
02 「大人講話小孩不要插嘴。」　142
03 「以後再買給妳。」　144
04 「我快被你氣瘋了!」　146
05 「你是哥哥，應該讓給弟弟。」　148
06 「你有長腦袋嗎?」　150
07 「你這麼大了，自己想辦法吧!」　152
08 「絕對不可以輸給朋友!」　154
09 「別人考100分，妳怎麼只考70分?」　156
10 「妳這麼笨手笨腳到底是像誰?」　158
11 「男生不可以哭!」　160
12 「妳每次都這樣!」　162
13 「不要再玩了，快去讀書!」　164
14 「是你的錯，趕快道歉!」　166

⑮	「妳怎麼這麼不小心？」	168
⑯	「你什麼事都做不好！」	170
⑰	「別再吃了，會胖。」	172
⑱	「我們家沒有人像你這麼笨。」	174
⑲	「你知道自己錯在哪嗎？」	176
⑳	「寫完作業才能休息。」	178
㉑	「這種壞事是跟誰學的？」	180
㉒	「我有請妳幫忙嗎？」	182
㉓	「竟然沒得獎，真丟臉。」	184
㉔	「不是說過不能說謊嗎？」	186
㉕	「妳已經長大了。」	188
㉖	「你再不走，我就要丟下你！」	190
㉗	「妳怎麼這麼固執？」	192
㉘	「你為什麼不能體諒爸爸？」	194
㉙	「下次可以考第一名嗎？」	196
㉚	「別鬧了，走開！」	198

傷人的話 朋友篇
VS.
言語傷害治療處方

01

澆花澆到一半,
結果把盆栽打破了。

「你怎麼那麼笨手笨腳?」

言語傷害治療處方

沒事吧?
有受傷嗎?

主動想幫忙的你,
一定嚇壞了, 對吧?

我也曾經不小心打破過花盆。

我想聽這些話

02

我第一次被選為班長，不知道自己能不能做好。

「什麼啊，班長選錯人了吧！」

> 言語傷害治療處方

恭喜你成為班長，
我很開心班長是由妳擔任。

沒有人一開始就能做得完美，
所以別擔心。

遇到困難的時候，
我可以幫忙喔！

> 我想聽這些話

03

我穿上媽媽新買的衣服到學校。

「妳的衣服好俗氣。」

言語傷害治療處方

哇！真好看！

妳不管穿什麼衣服都很好看！

這套衣服真特別，我很喜歡，妳不一定要討大家的歡心。

我想聽這些話

_____

_____

04

美術課時，恩菲因為畫不好所以哭了。

「這點小事就要哭,真煩人!」

言語傷害治療處方

不小心把用心畫的畫弄壞了，
妳一定很難過。

這次雖然有點小失誤，
但下次妳一定可以畫得更好。

如果妳願意，
我可以陪妳一起重新畫喔！

我想聽這些話

_____

_____

05

小宇把自己被小軒欺負的事情告訴老師。

「你這個愛打小報告的人。」

> 言語傷害治療處方

我也被小軒欺負過，
謝謝你讓他停止這樣的行為。

我覺得糾正別人的錯誤行為，
是一件很有勇氣的事。

選擇把小軒的行為告訴老師，
也是在幫助小軒喔！

我想聽這些話

06

「要踢足球的人集合！」

要踢足球的人

「賢秀不會踢足球，別理他！我們自己玩。」

言語傷害治療處方

沒關係！
沒有人什麼都擅長。

大家都是朋友，
為什麼不一起玩？
賢秀多練習一定會越來越厲害的。

我踢足球也有過踢空的時候。

我想聽這些話

07

因為弄丟黃色蠟筆，
所以用橘色蠟筆畫向日葵。

「向日葵是黃色的，
你連這個都不知道嗎？」

言語傷害治療處方

原來你沒有黃色蠟筆，
那一起用我的吧！

橘色的向日葵也很漂亮呢！

你的畫真棒！
你真的很有想像力。

> 我想聽這些話

08

小敏不知道怎麼知道我在幼兒園時尿褲子的事，然後嘲笑我。

聽說你尿褲子了？

「聽說你尿褲子了？」

> 言語傷害治療處方

任何人都會犯錯。

那一點也不丟臉，
會嘲笑朋友的人才應該慚愧。

我說的話是不是讓你感到受傷？
我不會再說這種話了。

> 我想聽這些話

_____

_____

09

跑步的時候，
速度逐漸變慢了。

「這是跑步還是走路？」

> 言語傷害治療處方

妳即使累了仍盡力奔跑，
真的很棒。

😊

我會在旁邊為妳加油。

😊

要記得，
有人隨時都在默默為妳加油。

> 我想聽這些話

10

無論我怎麼絞盡腦汁，這題數學就是解不出來。

「連這麼簡單的問題都不會，好笨喔！」

> 言語傷害治療處方

你需要幫忙嗎?

大膽提問也需要勇氣,
舉手問老師吧!

只要持續多做題目,
一定能學會的。

> 我想聽這些話

11

我急著想要回家，結果不小心打翻魚缸了。

「我就知道你會這樣。」

> 言語傷害治療處方

幸好金魚們都沒事，
別擔心。

沒關係，誰都會犯錯，
把魚缸放回原來的位置就好。

你重新替魚缸裝滿水，
我來幫忙用抹布把地板擦乾淨。

> 我想聽這些話

12

我只把生日派對的邀請卡發給喜歡的朋友。

「這樣排擠朋友太過分了吧！」

> 言語傷害治療處方

那些沒有被邀請的朋友,
他們會不會覺得有點受傷呢?

的確, 要邀請全部的朋友
可能有點困難,
但是一定也有朋友很想被邀請。
有沒有什麼更好的方法呢?
我們一起動動腦想一想吧!

邀請的朋友越多,
玩起來一定會更開心的。

我想聽這些話

39

13

因為頭髮剪得太短,看起來有點像三角飯糰。

「妳的髮型好好笑。」

> 言語傷害治療處方

妳不喜歡新髮型，所以覺得難過對嗎？頭髮很快就會變長的，別擔心。

這個髮型很適合妳！

如果妳表明自己不在意髮型，朋友們就不會再嘲笑妳了。

> 我想聽這些話

14

我鼓起勇氣告訴他，
欺負弱小動物是不對的。

「你不敢做才這樣說吧？
真是膽小鬼。」

> 言語傷害治療處方

你有一顆愛護動物的心。

我也想跟你一樣,
擁有守護弱小的勇氣。

你的想法是對的,
不要因為被取笑是膽小鬼
而難過。

> 我想聽這些話

15

早上因為睡太晚，所以沒洗頭就去學校。

「你身上有奇怪的味道。」

言語傷害治療處方

我懂這種難為情的感覺，
我也曾經沒洗頭就來上課。

只要明天早起就好，
要不要早上我打電話叫你起床？

其他同學應該沒那麼在意，
所以你不用太擔心。

我想聽這些話

16

小娜正在發表意見時，我忍不住插話打斷了她。

我覺得

「妳真沒禮貌。」

言語傷害治療處方

妳很積極，這點很棒，
等小娜講完後，我也想聽妳說。

可以稍微等一下嗎？
輪到妳的時候，
我一定會認真傾聽的。

傾聽別人的意見也是
很重要的事情喔！

我想聽這些話

47

17

玩具車玩到一半,
輪子就脫落了。

「就知道你會這樣。」

> 言語傷害治療處方

沒關係,
這種事本來就有可能發生。

🙂

別著急,慢慢試著裝上去看看。

🙂

我教你怎麼把車輪裝回去。

> 我想聽這些話

_____

_____

18

我上廁所時，
聽到朋友這樣討論我。

「我是看他可憐才陪他玩的。」

> 言語傷害治療處方

你不是一個人，
我可以當你的朋友。

你是我們班上很重要的同學。

我覺得跟你一起玩很開心。

> 我想聽這些話

_____

_____

19

我把長得很帥氣的蜘蛛展示給朋友看。

你們看！

「你真的好奇怪。」

言語傷害治療處方

就像每個人都長得不一樣，
每個人的喜好也可能不同。

正是因為有這些和別人
不一樣的地方，
才讓你變得獨一無二。

不一樣又怎麼樣呢？
不一樣不代表你很奇怪。

我想聽這些話

20

我在走廊上走得太匆忙，不小心撞到同學。

「笨蛋，走路要看路啊！」

> 言語傷害治療處方

我們兩個都有錯，
下次再小心一點吧！

抱歉！
是我走路沒有注意前面。

幸好我們兩個都沒有受傷。

> 我想聽這些話

21

我想踢足球，但小民想打棒球，我們就吵起來了。

「你明明就不會踢足球，聽我的就好。」

言語傷害治療處方

就算彼此的喜好不同,
也還是可以好好相處。

那這次打棒球, 下次再踢足球,
這樣才公平。

請你教我踢足球,
我也想學你喜歡的東西。

我想聽這些話

22

恩雅嘲笑我的長相，說我眼睛小、鼻孔大。

「妳長得真醜！」

> 言語傷害治療處方

我喜歡妳原本的樣子。

看到妳笑,我的心情也會變好。
所以別皺著眉頭。

這個世界上沒有長得不好看
的人,只有長得不一樣的人。

> 我想聽這些話

23

我洗手時,聖宇插隊。明明是他有錯在先,結果其他人都替他說話。

「是你不對。」

> 言語傷害治療處方

聖宇的行為讓你很生氣，
我理解你的心情。

我知道你沒有做錯，我會幫你
把生氣的原因告訴朋友。

可以先冷靜下來，
把事情的經過說給我聽嗎？
我們也一起向聖宇好好說明，
避免下次再發生類似的情形。

> 我想聽這些話

24

我想表達意見，
世熙卻不讓我說話。

真是的

「你不要插嘴。」

言語傷害治療處方

抱歉忽略了你的心情，
我也想聽你的想法，
可以告訴我嗎？

我們輪流講 3 分鐘的話。
對方說話時，要耐心聽他講完。

感覺你有不錯的想法，
不如我們輕鬆的聊一聊吧！

> 我想聽這些話

25

我氣得把鉛筆盒丟向恩菲。

「我不跟妳玩了!」

言語傷害治療處方

如果被妳丟的東西打到，
恩菲可能會受傷。

不管發生什麼事都不能使用暴力，希望妳能真心向恩菲道歉。

只要把妳生氣的原因告訴恩菲，
下次就不會再發生
同樣的事情了。

我想聽這些話

26

聖民故意惹我生氣，但我不想吵架，所以沒理他。

膽小鬼

「你這個膽小鬼。」

言語傷害治療處方

那又不是事實，別放在心上。

你做得很好，
吵架的話，身心都會受傷。

吵架是得不償失的事，
你很有智慧的解決了這件事。

我想聽這些話

27

我連下課時間也沒出去玩，都在認真讀書。

「你不是讀書的料。」

> 言語傷害治療處方

讀得順利嗎?

你很厲害了,加油!

要不要一起唸書?

跟你一起唸,我也會更專心喔!

如果有不懂的地方,

我可以教你。

我想聽這些話

28

我想成為一個可以幫人治病的醫生。

「以妳的成績是做不到的，放棄吧！」

> 言語傷害治療處方

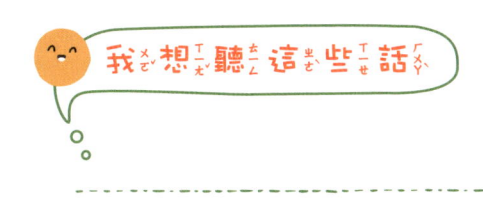

相信自己，鼓起勇氣試試看吧！
妳什麼事都辦得到！

🙂

不要被別人的話影響喔！
妳的人生是妳自己的。

🙂

妳的心地善良，
一定可以成為很棒的醫生。

> 我想聽這些話

29

維琪用鉛筆戳恩菲的背，同學們看到都哈哈大笑。

「好險不是我。」

> 言語傷害治療處方

妳是很重要的人,
我們會保護妳。

遇到這種事,不是因為妳做錯了什麼。別害怕,要勇敢、自信的站出來。

我陪妳去找老師,
請老師幫妳換座位吧!

> 我想聽這些話

30

「我來教你吧！」
我只是想幫助敏智而已……

- - - - - - - - - - - - - - - -

「你好煩喔！」

言語傷害治療處方

今天真的很謝謝你，
我們要一直當好朋友喔！

🙂

你的數學真的很厲害，
有你這樣的朋友我真幸運。

🙂

你需要幫忙的話，也可以跟
我說，我一定會幫你的！

我想聽這些話

傷人的話 老師篇
VS.
言語傷害治療處方

01

我忘記帶作業去學校了。

「你又沒寫作業了。」

言語傷害治療處方

昨天發生了什麼事呢？
下次別忘了帶作業來喔！

「寫作業」是全班同學的共同約定，你下次一定能做到，對不對？

寫作業是為了複習所學，再辛苦也要完成喔！

我想聽這些話

02

因為睡過頭，
所以急急忙忙趕到學校。

「遲到是你的家常便飯吧！」

言語傷害治療處方

可以告訴我遲到的原因嗎？

準時到校雖然不容易，
但要不要試著努力看看？

改掉不好的習慣一開始會
有點辛苦，但以後一定會
對你有幫助喔！

我想聽這些話

03

我一時衝動偷了朋友的錢包,但卻哭著說謊:「我沒有偷」。

「你真愛說謊。」

言語傷害治療處方

雖然說謊可以暫時躲過危機，
但這件事會不斷困擾著你。

你必須鼓起勇氣說出真相，
這樣我才能幫助你。

雖然不容易，但如果你願意說
實話，我會很感謝你的。

> 我想聽這些話

04

我聽寫考了 60 分,
進步了 10 分。
但老師還是嘆了一口氣。

「你為什麼只能考這樣?」

言語傷害治療處方

你進步了10分耶！
老師真為你感到驕傲。

看見你那麼努力的樣子，
真的讓人很佩服呢！

你做得很棒！
我們明天繼續加油吧！

我想聽這些話

_____

_____

05

我連休息時間都在做美勞課沒有做完的作品。

「做不完乾脆不要做算了。」

> 言語傷害治療處方

真是讓我刮目相看，
妳好有毅力！

我看到妳努力到最後一刻的
樣子了，真讓人感動。

能不能成功，要做到最後
才知道。我會等妳，
妳願意試著完成它嗎？

> 我想聽這些話

06

體育課結束後，我還不想回教室。

「你真讓我頭痛！」

> 言語傷害治療處方

看來你還想再玩
可惜體育課已經結束囉！

你真的很喜歡體育呢！
老師也是。
不過，現在該回教室上課了，
我們走吧！

讓我看看你遵守學校作息的
樣子可以嗎？

> 我想聽這些話

07

我緊張到把演講稿全忘光了，結果英文演講比賽沒得名。

「妳連這種事都做不好！」

言語傷害治療處方

妳很認真準備了，
所以才這麼難過，對吧？
老師為勇敢參加比賽的妳
感到驕傲。

沒關係，下次再挑戰吧！

比起名次，更重要的是妳
是否全力以赴。妳努力的
樣子真的很帥！

我想聽這些話

_____

_____

08

我把不喜歡的菠菜給英才時,被老師發現了。

「妳連吃東西也這麼挑。」

> 言語傷害治療處方

老師小時候也會挑食，
所以我懂妳的心情。

如果妳是英才，會有什麼感覺呢？我們換位思考一下！

均衡飲食不只對身體好，
就連心靈也會跟著獲得健康喔！

> 我想聽這些話

_____

_____

09

我在上課時聊天,
被老師發現了。

「又是妳?」

言語傷害治療處方

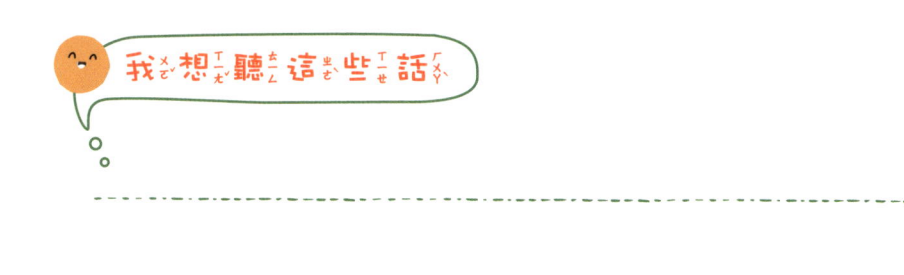

上課時間想說話，
必須先得到老師的同意。

上課時保持安靜，
會讓老師和同學更專心。

如果妳認真聽課，
老師會覺得很有成就感喔！

我想聽這些話

10

夏民亂畫我的筆記本，我氣得找他理論。

「是你的錯吧！」

> 言語傷害治療處方

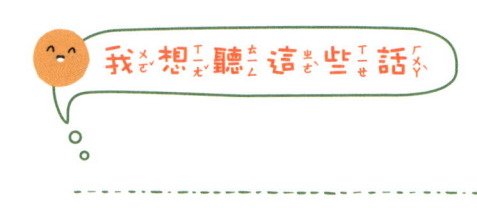

只要聆聽對方說話，
就能解開誤會喔。
說說看你們做了什麼事情吧！

老師會公正的傾聽你們說話的。
來！ 輪流告訴老師吧！

吵架只會讓事情變得更糟。
彼此互相道歉， 握手言和吧！

> 我想聽這些話

11

「我！我！」
我一直舉手搶答。

「你安靜一點！」

> 言語傷害治療處方

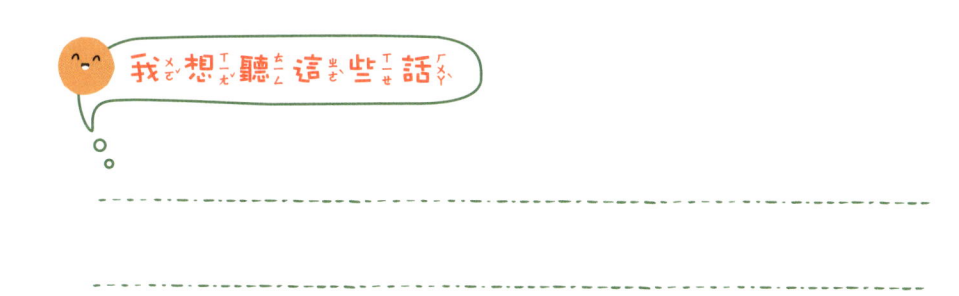

把發言機會禮讓給其他人，
讓大家都有機會表達意見。

你的想法很重要，
但聽聽別人的意見也會有幫助。

比起搶著發言，
要不要冷靜思考後再舉手呢？

> 我想聽這些話

12

我不小心打破玻璃窗，但卻說是外面飛過來的棒球打破的。

「我知道你在說謊。」

> 言語傷害治療處方

如果你坦白說出來，
心情會變得輕鬆很多喔！

看來你還沒準備好，再過一陣子，你會想要誠實說出來的。

每個人都會犯錯。
老師認為誠實是最重要的。

> 我想聽這些話

13

考 56 分已經很難過了，
老師還這樣對我說……

「你是笨蛋嗎？」

> 言語傷害治療處方

沒有人可以每科都得高分，
你已經很棒了。

數學雖然有一點難，
但只要練習，一定會進步。

碰到難解的題目就來找老師！
老師隨時可以為你解答。

> 我想聽這些話

14

我在打掃時間問老師
可不可以去操場玩？

「你覺得這像話嗎？」

> 言語傷害治療處方

我會站在你的角度想一想，
你也試著替老師和同學想想看，
怎麼做對大家都好呢？

😊

如果你認真打掃，
等等就會有大約10分鐘的
自由時間了。

😊

打掃完再去玩，
心情會更輕鬆喔！

🍊 我想聽這些話

- -

- -

15

我把老師交代給我的事忘得一乾二淨。

「你要我講幾遍？」

言語傷害治療處方

我再仔細說明一次給你聽。

有時候被其他事情分心，
就會這樣。
我以前也有過這種經驗。

我會再仔細說一次，
別急，慢慢來。

我想聽這些話

16

「老師，
為什麼鱷魚不用上學？」

「別問這種蠢問題。」

> 言語傷害治療處方

妳覺得為什麼呢？
老師很好奇妳的想法。

妳也想像鱷魚一樣不用上學嗎？說不定鱷魚想像妳一樣來上學呢！要不要訪問鱷魚？哈哈！

妳的想像力真豐富，
妳將來會成為怎樣的大人呢？
真讓人期待！

> 我想聽這些話

17

我從樓梯上摔下來,
膝蓋受傷了。

「怎麼這麼不小心?」

> 言語傷害治療處方

有其他地方受傷嗎？

你受傷了，我也會很擔心的。

幸好沒有傷得很重，
別忘了你對老師、
爸媽和同學們來說，
是很重要的人。

我想聽這些話

18

我想代表班上參加繪畫比賽，所以勇敢的舉起了手。

「以你的程度，根本沒希望！」

言語傷害治療處方

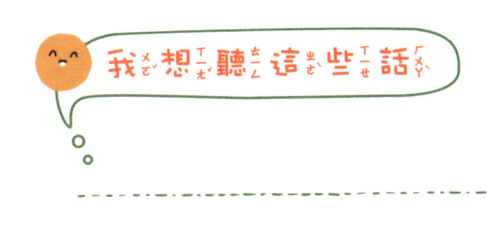

只要努力練習,
妳一定沒問題的。

好,就讓妳試試看吧!
有沒有老師或同學能幫忙
的地方?

我很喜歡妳主動、積極的個性,
老師會全力支持妳的!

我想聽這些話

_____

_____

19

跑接力賽時，我跌倒了，我們班變成最後一名。

「我對你也沒抱什麼期待。」

> 言語傷害治療處方

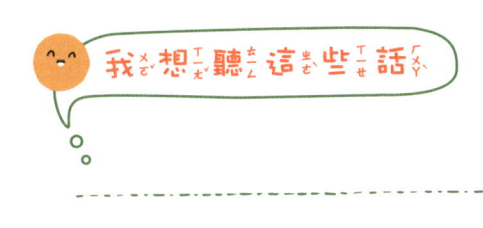

雖然沒有拿到第一名，
但我們從接力賽中學會
合作和互相鼓勵。

有哪裡受傷嗎？比起第一名，
你的安全更重要。

無論你是第一名還是最後一名，
老師都會一直支持你。

我想聽這些話

_____

_____

20

「不要，我才不要！
我不要參加！」

我不要！

「都長這麼大了，
怎麼還跟小孩子一樣？」

言語傷害治療處方

團體生活需要大家互相合作，
你現在的行為會造成
其他同學的困擾喔！

鬧脾氣不能解決問題，
先冷靜一下，試著多想一想。

你想怎麼做呢？
可以告訴我你的想法嗎？

我想聽這些話

21

在學校看電影的時候，因為感到難過而流淚了。

「不要像小孩一樣愛哭。」

> 言語傷害治療處方

能這麼坦率的表達情感很棒，
老師也想像妳一樣。

確實是部哀傷的電影呢……
妳一定是個很有同理心的孩子。

悲傷也是很珍貴的情緒，
盡情哭過後，心裡會輕鬆許多。

> 我想聽這些話

22

夏民先罵人，
所以我也罵回去，
結果老師只指責我。

「我不是說過不要罵人嗎！」

> 言語傷害治療處方

你一定很生氣吧？
如果是我也有同樣的感覺。
不過罵人只會讓你的心情更糟，
還會傷害朋友。

朋友罵人時，真的有必要罵
回去、跟他吵架嗎？

罵人並不能解決問題。
倒不如直接說：
「我現在很生氣」會更好。

> 我想聽這些話

23

我在發呆，沒整理書桌，老師皺著眉頭說話了。

「你的問題就是太懶惰。」

言語傷害治療處方

看似麻煩的事情，仔細觀察後，會發現美好的地方。

如果因為麻煩或討厭而不做這些事，就無法得到意外的收穫了。

一直發呆也不是辦法，
老師可以幫你，
我們一起試試看，好嗎？

我想聽這些話

24

老師要我讓座給腳受傷的俊瑞,但我不願意。

「你真自私。」

言語傷害治療處方

你真的這麼想嗎?
老師給你一些時間思考。

我們覺得沒什麼的小事,
對別人來說可能很不容易。
我們試著從俊瑞的角度思考,
好嗎?

如果你讓位的話,
俊瑞一定會很感謝你的。

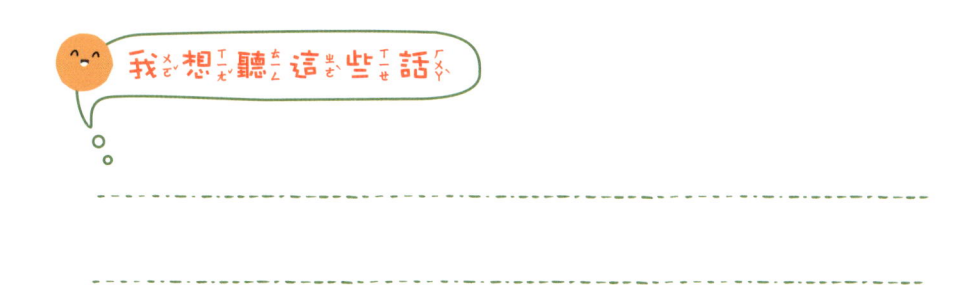

我想聽這些話

25

我蹦蹦跳跳的跑下樓梯。

「言行舉止要像女生才行。」

言語傷害治療處方

妳看起來好像有急事，
不過老師擔心妳會受傷。

活潑是好事，
不過安全更重要喔！

無論妳是什麼樣子，
老師都喜歡，但是上下樓梯
一定要慢慢走，知道嗎？

我想聽這些話

26

我協助老師整理桌面，不小心打破了玻璃攪拌棒。

「你只會幫倒忙。」

言語傷害治療處方

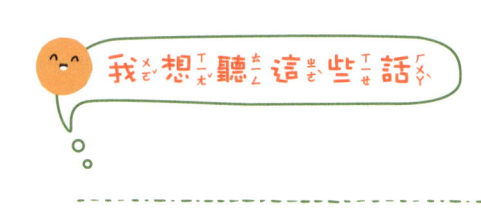

你沒有受傷吧？就算做得不夠好，犯了錯也沒關係喔。

你應該也累了！謝謝你的幫忙，多虧有你，老師輕鬆不少。

你想幫老師的心意，才是最重要的。你已經做得很好了。

我想聽這些話

27

看著跳箱,
讓我不自覺冒出冷汗。

「妳什麼都不會?」

> 言語傷害治療處方

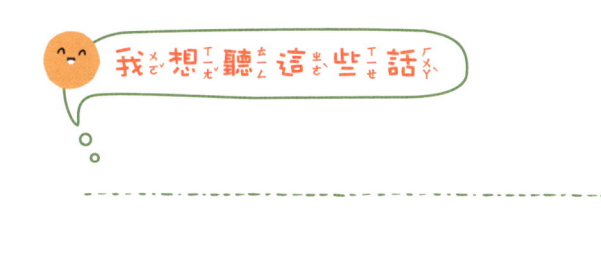

跳箱的確是一大挑戰，妳有這個反應很正常。

妳不是做不到，初次嘗試任誰都會害怕，我會在妳身旁協助妳。

老師以前也不太會，但現在做得很好了。妳也一定辦得到！

> 我想聽這些話

28

我們坐車去校外教學，
我興奮的不斷動來動去。

「不要鬧了！」

言語傷害治療處方

在行駛的車子裡守秩序
是很重要的禮儀。

為了大家的安全，
可以稍微安靜一點嗎？
老師很重視大家的安全喔！

如果想要安全抵達目的地，
應該怎麼做才好呢？

> 我想聽這些話

29

我把小希放在桌上的自動鉛筆，偷偷放進了我的書包。

「妳長大後還得了？」

134

> 言語傷害治療處方

妳很想要那支自動鉛筆吧？
但同學發現東西不見
會很傷心喔！

如果妳不把自動鉛筆還她，
她上課要用什麼文具呢？

拿取他人物品前，
一定要先經過主人的同意。

> 我想聽這些話

30

「老師，我喜歡跑步。」

「要是你也喜歡讀書就好了。」

> 言語傷害治療處方

原來你也跟老師一樣
喜歡跑步啊!

難怪每次看到你在跑步時,
臉上的表情都那麼開心。

無論你將來選擇做什麼,
老師都希望你開心。

> 我想聽這些話

傷人的話
家人篇

VS.

言語傷害治療處方

01

「輪到我玩了，讓開！」
約定的遊戲時間超過了，
弟弟還是不讓位，
我們因此吵了起來。

換人！

「我們家裡問題最大的人就是你。」

言語傷害治療處方

弟弟不遵守約定時間，
讓你很生氣，
我可以怎麼幫你呢？

可以告訴弟弟，如果想要好好
相處，就要遵守約定才行。

當我們想法不同或生氣時，
要尊重對方可能會很困難。
而且如果打弟弟，他也會痛喔！

我想聽這些話

―――――――――――――――――――

―――――――――――――――――――

02

爸爸和媽媽在討論暑假要去哪裡玩，我說：「我們去海邊吧！」。

「大人講話小孩不要插嘴。」

> 言語傷害治療處方

妳喜歡大海呀！那我們這次就
優先考慮去海邊吧！

謝謝妳和我們分享妳的想法。

那這個暑假要不要去
海邊玩水？

我想聽這些話

03

媽媽只買新衣服給姊姊，明明我也是媽媽的女兒啊……

「以後再買給妳。」

> 言語傷害治療處方

妳很傷心吧？抱歉，
媽媽沒有顧慮到妳的心情。

謝謝妳誠實的說出自己的感受。

這週六我們一起去
買新衣服吧！可以先想想
妳想買什麼樣的衣服喔！

> 我想聽這些話

04

我喝水時，不小心把玻璃杯打破了。

「我快被你氣瘋了！」

> **言語傷害治療處方**

你嚇到了吧?
有哪裡受傷嗎?

我知道你不是故意的,
沒關係。

別緊張,
大人有時也會犯這樣的錯誤呢!

我想聽這些話

147

05

我正在玩玩具,弟弟也想玩所以一直搶。

「你是哥哥,應該讓給弟弟。」

> 言語傷害治療處方

弟弟一直鬧脾氣讓你很為難吧？

我會告訴弟弟，
要等你玩完才輪到他。

可以跟弟弟一起訂遊戲規則，
然後試著遵守看看。

我想聽這些話

06

哥哥去洗手間時，
我不小心弄壞了他的作業，
哥哥很生氣所以打我。

你到底在幹嘛？

「你有長腦袋嗎？」

> 言語傷害治療處方

想跟哥哥玩嗎？
再忍耐一下就可以一起玩了……

你還小，我可以理解你的心情。
但下次不可以再這樣做了，
知道嗎？

碰別人的東西之前，
要先詢問並得到對方的同意。

> 我想聽這些話

07

我在寫作業，因為有不懂的地方所以問媽媽。

「你這麼大了，自己想辦法吧！」

> 言語傷害治療處方

先試著自己寫寫看，如果還是覺得有困難，再問媽媽。

這題真的很難呢！
媽媽教你。

媽媽要怎麼幫助你比較好呢？

我想聽這些話

08

玩捉迷藏時，朋友總是要我當鬼，我不開心，回家後告訴了爸爸。

「絕對不可以輸給朋友！」

> 言語傷害治療處方

可以告訴朋友，玩捉迷藏時應該輪流當鬼才公平。

你覺得不公平所以有點生氣，我懂。試著把你的想法好好告訴朋友吧！

你一定很不開心，我們一起想想能讓大家和平相處的方法。

> 我想聽這些話

09

聽寫考試我只考了 70 分，
不想回家，
因為媽媽一定會說……

「別人考 100 分，
妳怎麼只考 70 分？」

> 言語傷害治療處方

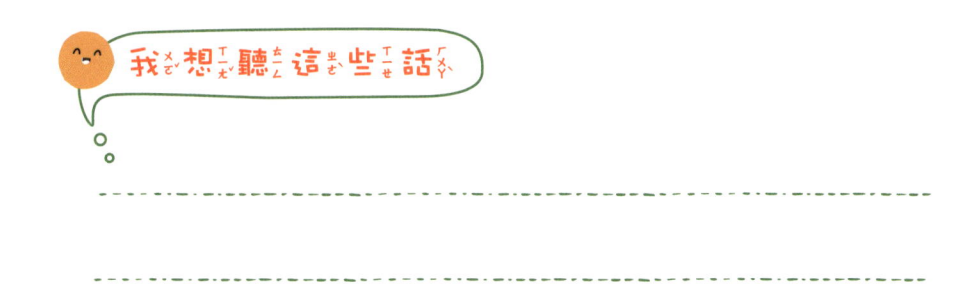

妳很努力卻沒有考到滿意的分數，一定很難過。
妳很認真讀書，辛苦了。

這次的題目好像比較難，沒關係，下次妳一定能表現得更好。

就像媽媽相信妳一樣，
妳也要相信自己。

> 我想聽這些話

10

我騎腳踏車時分心，
所以跌倒了。

天啊！

「妳這麼笨手笨腳到底是像誰？」

> 言語傷害治療處方

把這次的失誤
當作是一次寶貴的經驗吧！

妳現在知道了，做事情的時候
要專心，不可以東張西望喔。

有沒有哪裡受傷呢？
萬一摔得更嚴重就麻煩了。
下次騎車要更專心一點，好嗎？

我想聽這些話

11

飼養的金魚死了，
我難過得流下眼淚。

「男生不可以哭！」

> 言語傷害治療處方

你願意告訴我哭泣的原因嗎？
爸爸準備好要傾聽了。

原來如此，傷心的時候可以
盡情哭泣沒有關係。

看不見金魚，不代表牠消失了。
和金魚有關的回憶會
永遠在你心裡。

> 我想聽這些話

161

12

「媽媽，我今天可以不刷牙嗎？」

「妳每次都這樣！」

> 言語傷害治療處方

如果因為覺得麻煩而不刷牙，
會發生什麼事呢？

如果蛀牙就不能吃喜歡的
食物了，為了保護牙齒，
一定要刷牙才行。

媽媽有時候也覺得刷牙很麻煩，
我們再過3分鐘一起去刷牙，
好不好？

> 我想聽這些話

13

我跟弟弟在玩的時候,媽媽突然大聲喊了起來。

「不要再玩了,快去讀書!」

> 言語傷害治療處方

先把功課寫好再玩，
會玩得比較安心喔！

看來你很難專心讀書啊！
我們來想想別的方法吧。

不然每天坐在書桌前10分鐘
如何？這樣的讀書時間應該
比較容易做到吧？

> 我想聽這些話

14

和弟弟為了遙控器爭吵,結果我動手打了他。

「是你的錯,趕快道歉!」

> 言語傷害治療處方

當我們讓別人受傷或
難過的時候，就應該向對方
真誠的道歉。

道歉並沒有那麼困難，
鼓起勇氣去做吧！

只要你發自內心道歉，
就能和弟弟重新和睦相處。

> 我想聽這些話

15

打破鏡子的是姊姊,
但媽媽卻認為是我。

「妳怎麼這麼不小心?」

> 言語傷害治療處方

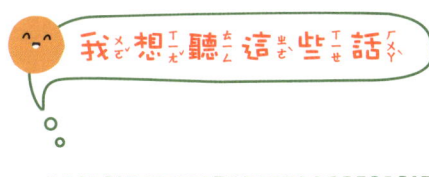

媽媽沒有聽妳把話說完，
誤會妳了，真的很對不起。

妳替姊姊挨罵，
一定感到很委屈，對不起。

時間久了，一定會真相大白的，
媽媽相信妳，
以後會好好聽妳說。

> 我想聽這些話

16

我在幫弟弟倒牛奶時，不小心灑到地上了。

「你什麼事都做不好！」

> 言語傷害治療處方

我知道你想將事情做好，
但是力不從心。

沒關係，
你可以再試一次。

你願意幫弟弟的那份心意
才是最重要的。
爸爸覺得很感動。

> 我想聽這些話

171

17

放學後因為太餓,所以吃了兩個麵包。

「別再吃了,會胖。」

> 言語傷害治療處方

妳肚子很餓嗎？
看來今天在學校玩得很開心喔！

看來下次我要準備
更好吃的點心給妳才行。

最近好像在長高的樣子，
要不要幫妳拿瓶牛奶？

> 我想聽這些話

18

我已經很努力讀書了,但考試分數還是比預期的低。

「我們家沒有人像你這麼笨。」

言語傷害治療處方

你已經很努力了，
真是可惜。但沒關係，
下次一定可以拿到好成績。

辛苦了。今天就暫時忘記考試，
和爸爸一起玩吧？

即使沒有達成期望目標，
也不代表你的努力都是白費。

我想聽這些話

19

我玩太開心而忘了去補習班，玩到很晚才回家。

「你知道自己錯在哪嗎？」

> 言語傷害治療處方

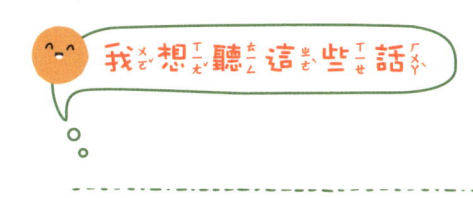

媽媽很擔心你,如果要晚回家,希望你可以先打電話告訴我。

和朋友玩得太開心而忘了時間,媽媽可以理解,但我希望你能做個負責任的人。

被媽媽罵,你一定會不開心,但如果不改正,以後可能會變成壞習慣。

> 我想聽這些話

20

我一放學回到家就躺在沙發，這時媽媽開口說話了。

「寫完作業才能休息。」

> 言語傷害治療處方

上學很辛苦吧？

看來妳今天需要好好休息一下。

我不會打擾妳，
好好休息吧！

我想聽這些話

- -

- -

21

我去朋友家玩，
忍不住順手把一個漂亮的
布偶帶回家。

「這種壞事是跟誰學的？」

> 言語傷害治療處方

這隻布偶不是媽媽買給妳的,
妳可以告訴我這是怎麼回事嗎?

每次看到這隻布偶,
妳心裡可能都會覺得有一點
刺刺的、不太舒服,對吧?

我們鼓起勇氣,
把布偶還給朋友,好不好呢?
媽媽會陪妳一起去。

我想聽這些話

22

我幫看起來很疲憊的媽媽洗碗，結果打破盤子。

「我有請妳幫忙嗎？」

> 言語傷害治療處方

謝謝妳這麼替媽媽著想。

媽媽今天上班真的很累,
但看到妳這麼貼心,
整個人都充滿精神了!

洗碗對妳來說也不是件
容易的事,真的很謝謝妳。
有沒有受傷呢?

> 我想聽這些話

23

雖然我很認真練習，但鋼琴比賽還是沒有得獎。

「竟然沒得獎，真丟臉。」

> 言語傷害治療處方

對比賽全力以赴的妳,
真的很了不起。

比起第一名,
最重要的是盡力而為。

如果因為怕失敗而什麼都不去嘗試,就永遠無法完成任何事喔! 辛苦妳了。

> 我想聽這些話

24

我硬說是哥哥先動手的，
結果媽媽搖搖頭說……

「不是說過不能說謊嗎？」

言語傷害治療處方

哥哥有可能因為妳的謊言而被罵，妳覺得沒關係嗎？

哥哥跟妳都有錯，
不能把錯全都推給哥哥。

誠實的告訴我發生什麼事，
媽媽想幫妳。

我想聽這些話

25

我在家裡很想媽媽，所以打電話催媽媽快點回來。

趕快回來

「妳已經長大了。」

> 言語傷害治療處方

媽媽正在上班,
妳可以體諒一下媽媽的情況嗎?

我很快就會回去了,
妳能乖乖等一下嗎?

如果妳可以耐心等待,
媽媽會帶妳喜歡的
鯛魚燒回來喔!

我想聽這些話

26

我對要出門散步的爸爸說「我也要一起去」,但眼睛還是盯著電視。

「你再不走,我就要丟下你!」

> 言語傷害治療處方

如果你想跟爸爸去散步，
該怎麼做才好呢？

😊

出去散步的話，
一定會比看電視更好玩喔！

😊

等你把電視看完
我們再出發吧！

> 我想聽這些話

27

因為媽媽不同意我在小希家過夜，所以我很生氣。

「妳怎麼這麼固執？」

言語傷害治療處方

如果妳可以冷靜說出
妳的想法，媽媽會更容易
理解妳心裡的感受。

看妳這麼難過，
媽媽覺得很捨不得。

媽媽明白妳的想法，我們一起
討論看怎麼做比較好，好嗎？

我想聽這些話

28

爸爸因為忙工作沒帶我去遊樂園，我的心好像破了一個大洞。

「你為什麼不能體諒爸爸？」

> **言語傷害治療處方**

換作是我，
我也會很不開心。

下次一定帶你去，
我會買好吃的棉花糖給你。

你期待了這麼久，結果卻沒辦法去，真的很對不起。

下次一定帶你去，
我會買好吃的棉花糖給你。

我想聽這些話

29

我考了第二名,
於是開心的回家了。

「下次可以考第一名嗎?」

> 言語傷害治療處方

妳的努力果然有回報，
太棒了！

🙂

看到妳開心，
媽媽也很開心。

🙂

讀書很辛苦吧？
看到妳這麼努力，
媽媽覺得很感動，也很驕傲。

😊 我想聽這些話

30

一看到爸爸下班回家,我立刻開心的撲上前擁抱他。

爸爸!

「別鬧了,走開!」

言語傷害治療處方

爸爸剛下班有點累，
先讓我休息10分鐘，好嗎？

爸爸先休息一下，等恢復精神後，就可以陪妳一起玩了！

爸爸今天上班超累，
但被妳一抱，
感覺疲勞都飛走了。

我想聽這些話

你說的話讓我很受傷：90 個言語
傷害治療處方

作　　者：曹京姬
繪　　者：李海仁
譯　　者：莫　莉
企劃編輯：許婉婷
文字編輯：王雅雯
設計裝幀：張寶莉
發 行 人：廖文良

發 行 所：碁峰資訊股份有限公司
地　　址：台北市南港區三重路 66 號 7 樓之 6
電　　話：(02)2788-2408
傳　　真：(02)8192-4433
網　　站：www.gotop.com.tw
書　　號：ACK017700
版　　次：2025 年 06 月初版
建議售價：NT$350

國家圖書館出版品預行編目資料

　你說的話讓我很受傷：90個言語傷害治療處方 / 曹京姬原著；
　　李海仁繪；莫莉譯. -- 初版. -- 臺北市：碁峰資訊, 2025.06
　　　面； 　公分
　　國語注音
　　ISBN 978-626-425-088-7(平裝)

　　1.CST：說話藝術　2.CST：溝通技巧　3.CST：通俗作品

192.32　　　　　　　　　　　　　　　　　　　114006571

商標聲明：本書所引用之國內外
公司各商標、商品名稱、網站畫
面，其權利分屬合法註冊公司所
有，絕無侵權之意，特此聲明。

版權聲明：本著作物內容僅授權
合法持有本書之讀者學習所用，
非經本書作者或碁峰資訊股份有
限公司正式授權，不得以任何形
式複製、抄襲、轉載或透過網路
散佈其內容。
版權所有．翻印必究

本書是根據寫作當時的資料撰寫
而成，日後若因資料更新導致與
書籍內容有所差異，敬請見諒。
若是軟、硬體問題，請您直接與
軟、硬體廠商聯絡。